Bibliografische Information der Deutschen Nationalbibliothek:

Die Deutsche Bibliothek verzeichnet diese Publikation in der Deutschen Nationalbibliografie; detaillierte bibliografische Daten sind im Internet über http://dnb.d-nb.de/ abrufbar.

Impressum:

Druck und Bindung: Books on Demand GmbH, Norderstedt Germany
ISBN: 978-3-668-10507-2

Dieses Buch bei GRIN:

http://www.grin.com/de/e-book/28994/umsetzung-der-eu-wasserrahmenrichtlinie-mit-gis-und-statistischen-verfahren

Daniel Tomowski

Umsetzung der EU-Wasserrahmenrichtlinie mit GIS und statistischen Verfahren

GRIN Verlag

Umsetzung der EU-Wasserrahmenrichtlinie mit GIS und statistischen Verfahren

SS 2004

Doppelseminar Atmosphären- und Gewässerökologie

an der Hochschule Vechta

im Studiengang Umweltwissenschaften

Bearbeiter: Daniel Tomowski

INHALT

1 Wasserrahmenrichtlinie

1.1 Entstehungsgeschichte

Da es in der Vergangenheit auf europäischer Ebene eine Vielzahl von Regelungen und Richtlinien zum Thema Gewässerschutz gab, die sich jedoch sektoral nur mit einzelnen Aspekten befassten und der ökologischen Funktion von Gewässern nur eine untergeordnete Rolle beimaßen, wurden im Jahr 1988 auf einer Ministerkonferenz in Frankfurt erstmals Überlegungen zu Ansätzen einer nachhaltigen Wasserbewirtschaftung angestellt.

Ein erster Versuch der europäischen Kommission aus dem Jahr 1994, eine Richtlinie zur Gewässerökologie zu verabschieden, war auf Grund des mangelnden Konsenswillens der beteiligten Nationalstaaten jedoch zum Scheitern verurteilt.

In der Folgezeit forderten europäischer Rat und das Europaparlament weiterhin eine Rahmenrichtlinie zur Gewässerbewirtschaftung bzw. zum Gewässerschutz. Im Jahr 1997 wurde seitens der Kommission ein weiterer Vorschlag unterbreitet, aber erst im Jahr 1999 konnte sich der Rat der EU unter deutscher Präsidentschaft auf einen gemeinsamen Standpunkt zum Thema Gewässerschutz einigen.

Nach zahlreichen Änderungsanträgen des Europaparlamentes und Vermittlungsverfahren trat die Richtlinie 2000/60 (Wasserrahmenrichtlinie), nach Billigung durch den EU-Rat und das Europaparlament, mit der Veröffentlichung im Amtsblatt der Europäischen Gemeinschaften am 22.12.2000 in Kraft.

Schwerpunkt dieser Richtlinie ist „ die Erhaltung und Verbesserung der aquatischen Umwelt ..., wobei der Schwerpunkt auf der Güte der betreffenden Gewässer liegt.“ (Wasserrahmenrichtlinie, Abschnitt 1, Absatz 19).

1.2 Ziele der Richtlinie

Die wesentlichen Ziele der Wasserrahmenrichtlinie, die in Artikel 1 und Artikel 4 formuliert werden und bis Dezember 2015 erreicht werden sollen, sind:

1. einen einheitlichen Ordnungsrahmen für den Gewässerschutz im gesamten Gebiet der EU zu schaffen ,

2. ein Schutzgebot und Verschlechterungsverbot des Zustandes aquatischer Ökosysteme und der direkt von ihnen abhängigen Landökosysteme und Feuchtgebiete im Hinblick auf deren Wasserhaushalt,

3. eine nachhaltige Wassernutzung durch einen langfristigen Schutz vorhandener Ressourcen zu forcieren ,

4. eine schrittweise Reduzierung von Einleitungen, Emissionen und prioritären Stoffen (Vgl. Wasserrahmenrichtlinie, Artikel 16) in die aquatische Umwelt, sowie die Sicherstellung der Reduzierung von Verschmutzungen,

5. einen Beitrag zur Minderung der Auswirkungen, die durch Überschwemmungen und Dürren hervorgerufen werden, zu leisten,

6. und einen guten ökologischen, chemischen und mengenmäßigen Zustandes aller Gewässer in der EU zu erreichen.

Zum Erreichen der in diesem Kapitel genannten Ziele, sieht die Wasserrahmenrichtlinie verschiedene Instrumente vor, die im Kapitel 1.5 genauer erläutert werden.

1.3 Struktur und Inhalte

Die Wasserrahmenrichtlinie, nachfolgend als WRRL abgekürzt, gilt flächendeckend für alle Gewässer in der EU, d.h. für das Grundwasser als auch für alle Oberflächengewässer (WRRL, Artikel 4, Absatz 1). Sie bildet den Ordnungsrahmen zum Schutz der Ressource Wasser in der EU. Die WRRL gliedert sich in zwei Teile.

Im ersten Teil werden nach BERKHOFF (2002, S. 14) „53 so genannte „Erwägungsgründe“ aufgeführt, welche das Europäische Parlament und der Rat der der Europäischen Union zum Erlass der Richtlinie bewogen haben.“

Der zweite Teil der WRRL beinhaltet, neben allgemeinen verwaltungs- und verfahrenstechnischen Vorschriften, generelle Schutzziele (Artikel 1), Begriffsbestimmungen (Artikel 2), organisatorische Vorgaben zu Koordination innerhalb von Flussgebietseinheiten (Artikel 3), die Definition von Umweltzielen (Artikel 4), einen Untersuchungsrahmen für Flussgebietseinheiten und die Überprüfung von Umweltauswirkungen durch anthropogene Tätigkeiten (Artikel 5), eine Verpflichtung zur Ausweisung von Schutzgebieten (Artikel 6), eine Spezifizierung der Gewässer für die Entnahme von Trinkwasser (Artikel 7), die Überwachung des Zustandes der Ressource Wasser (Artikel 8) sowie Umsetzungsinstrumente in Form von Maßnahmenprogrammen (Artikel 11) und Bewirtschaftungsplänen (Artikel 13).

Des Weiteren werden in Artikel 16 der Richtlinie prioritär (gefährliche) Stoffe genannt, die ein erhebliches Risiko für b die aquatische Umwelt darstellen.

Im Anhang der Richtlinie werden die Bestimmungen der Richtlinie konkretisiert und genauer definiert.

1.4 Fachliche Neuerungen

Wesentliche fachliche Neuerungen im Vergleich zu bisherigen wasserwirtschaftlichen Betrachtungsweisen sind nachfolgend aufgeführt:

A. In der Richtlinie werden Gewässer, deren Auenbereiche und Einzugsbereiche unabhängig von Ländergrenzen als eine Flussgebietseinheit betrachtet Nach BLEY (2001, S. 18) wird nicht mehr nur das Wasser selbst oder das Gewässer als Schlauch bewertet, sondern alle das Gewässer im gesamten Einzugsgebiet beeinflussenden Faktoren. Abbildung Nr.1 zeigt die 10 Deutschland betreffenden Flussgebietseinheiten Eider, Elbe, Ems, Donau, Maas, Oder, Rhein, Schlei/Trave, Weser und Warnow/Peene auf:

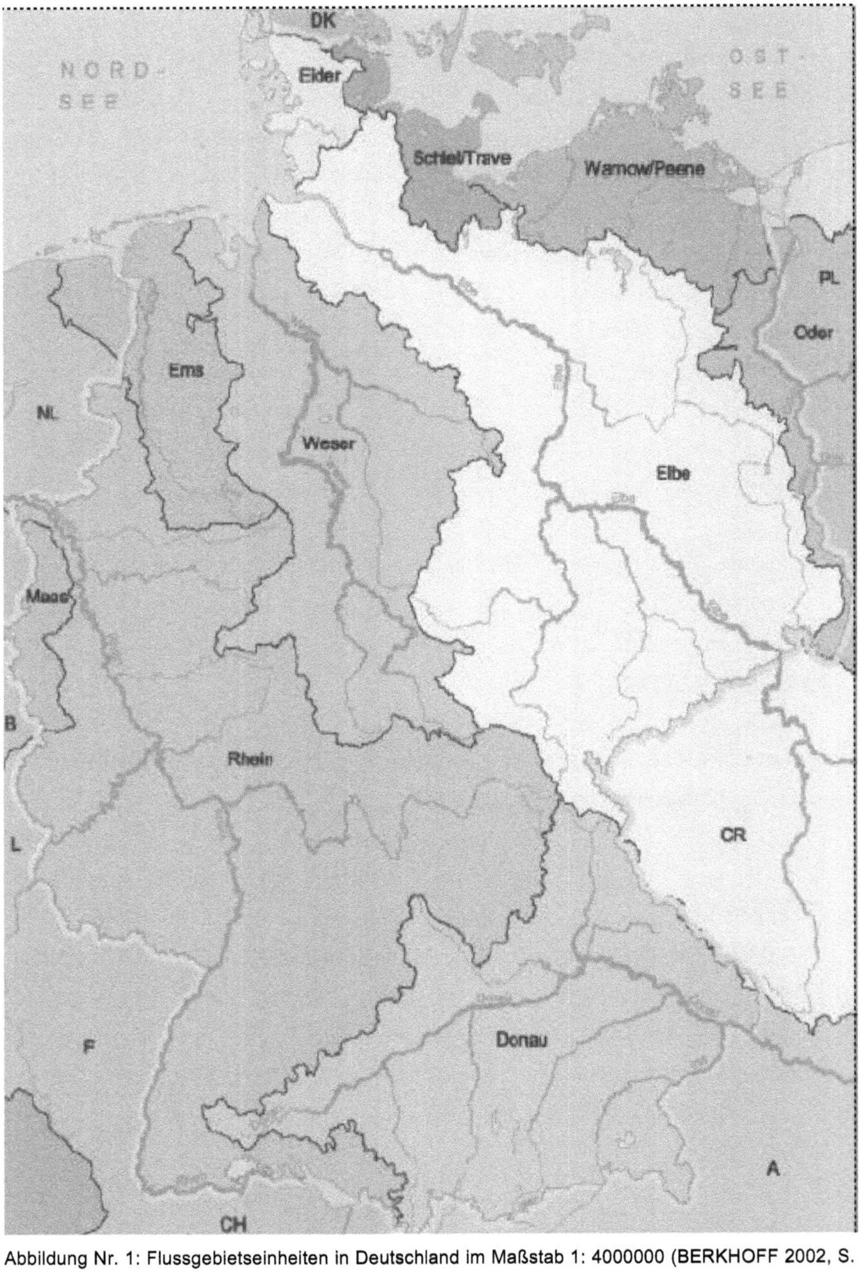

Abbildung Nr. 1: Flussgebietseinheiten in Deutschland im Maßstab 1: 4000000 (BERKHOFF 2002, S. 21)

B. Des Weiteren schreibt die WRRL ein gewässertypenspezifisches Vorgehen bei der Bewertung vor, d. h. es werden nicht generelle Maßstäbe auf alle Gewässer angewendet, sondern jeder Gewässerabschnitt eines individuellen Gewässers wird auf Grund von Hydrogeologie und Hydromorphologie mit einem natürlichen, optimalen Referenzzustand verglichen und dann bewertet. Dabei wird im Anhang II der WRRL nach folgenden Gewässertypen differenziert: Flüsse, Seen, Übergangsgewässer, Küstengewässer sowie künstlich und erheblich veränderte Oberflächengewässer.

C. Eine weitere Neuerung im Vergleich zu bisherigen Regelungen, die bis auf Einzelfälle emissionsseitige, summenparametrische Bewertungen des Gewässerzustandes zum Inhalt hatten, sieht die WRRL nach Artikel 10 zum einen die Verwendung von Emissionsgrenzwerten vor und zum anderen den Einsatz von Umweltqualitätsstandards für Grund- und Oberflächengewässer (kombinierter emissions- / immissionsbezogener Ansatz).

D. Ökologische Wertigkeiten für die Güte von Gewässern wurden in Deutschland in der Vergangenheit über Gewässerstrukturgütekartierungen bzw. über die Bestimmung des Sauerstoffgehaltes hergestellt.
Die Kriterien für die Bestimmung des Gewässerzustandes in der WRRL (Anhang V, Abschnitt 1.1), beruhen auf biologischen Merkmalen (Zusammensetzung und Abundanz der Gewässerflora, der Fischfauna und der wirbellosen Fauna) und werden durch chemisch-physikalisch bzw. hydromorphologischen Elemente ergänzt und münden in einer Skala mit einem Bewertungsmaßstab von sehr gut bis schlecht (WRRL, Anhang V, Abschnitt 1.4).

E. In Artikel 9 der WRRL wird den Mitgliedsstaaten für alle Wasserdienstleistungen die „Berücksichtigung des Kostendeckungsprinzips einschließlich der umwelt- und ressourcenbezogenen Kosten" auferlegt (Handlungskonzept zur Umsetzung der Wasserrahmenrichtlinie der Länderarbeitsgemeinschaft Wasser 2001, S. 4). Demnach sollen bis zum Jahr

2010 alle Wassernutzer auf Grundlage des Verursacherprinzips angemessene Beiträge zur effizienten Wassernutzung leisten.

F. Eine weitere Neuerung ist die vermehrte Öffentlichkeitsbeteiligung. In Artikel 14 der WRRL soll nach JEKEL (2002, S. 348) bei der Aufstellung von Bewirtschaftungsplänen die Beteiligung der Öffentlichkeit in 3 Stufen geschehen, wobei in der 1. Stufe für jede Phase der Aufstellung des Planes eine Frist von 6 Monaten für schriftliche Stellungnahmen der Öffentlichkeit gewährleistet werden soll, in der 2 Stufe sollen die Maßnahmen zur Information und Anhörung, deren Ergebnisse sowie die darauf zurückgehenden Änderungen in den Bewirtschaftungsplan aufgenommen werden und in der 3. Stufe soll ein genereller Anspruch auf Zugang zu Hintergrunddokumenten und –Informationen gewährt werden.
Des Weiteren soll allen interessieren Stellen aktiv bei der Umsetzung der Richtlinie gefördert werden.

1.5 Instrumente

Neben den in Artikel 5 der WRRL vorgeschrieben Analysen zur Überprüfung der Umweltauswirkungen menschlicher Tätigkeit, den wirtschaftlichen Aspekten der Wassernutzung und der Beschreibung der Flussgebietseinheit anhand von definierten Merkmalen, soll nach Artikel 6 eine Verzeichnis von Schutzgebietseinheiten erstellt und nach Artikel 8 der Zustand von Grundwasser, Oberflächenwasser und Schutzgebieten über Programme überwacht werden. Als zentrale Instrumente sind Maßnahmenprogramme und Bewirtschaftungsplan hervorzuheben.

1.5.1 Maßnahmenprogramme

In Artikel 11 sieht die WRRL so genannte Maßnahmenprogramme vor, die dazu dienen, bis Ende 2009 für jede Flussgebietseinheit die zu treffenden Vorkehrungen zu definieren, um die im Bewirtschaftungsplan für 2015 festgelegten Ziele zu erreichen. Das Maßnahmenprogramm ist eigentlich ein Teil des Bewirtschaftungsplanes. Hervorzuheben ist in der WRRL die vorgesehene Beteiligung der Öffentlichkeit in Form eines „breit angelegter Diskussions- und

Konsensfindungsprozess“ (BLEY 2001, S. 18) bei der Erstellung von Maßnahmenprogramme bzw. Bewirtschaftungspläne.

1.5.2 Bewirtschaftungsplan

Der Bewirtschaftungsplan nach Artikel 13 der Wasserrahmenrichtlinie ist für alle Flussgebietseinheiten zu erstellen. Im Bewirtschaftungsplan soll laut Anhang VII der Wasserrahmenrichtlinie eine allgemeine Beschreibung der Flussgebietseinheit enthalten sein, eine Zusammenfassung aller signifikanten Belastungen und anthropogenen Einwirkungen auf die Gewässer, Schutzgebiete nach Art. 6, Anhang IV (FFH - Gebiete, Vogelschutz-, Trinkwasserschutzgebiete,...), eine wirtschaftliche Analyse der Wassernutzung nach dem Maßnahmenprogramm gemäß Artikel 11, eine Liste der Umweltziele für die Gewässer, eine Auflistung der zuständigen Behörden und eine Zusammenfassung der Maßnahmen zur Information und Anhörung der Öffentlichkeit (Artikel 14) enthalten sein. Der Bewirtschaftungsplan muss regelmäßig innerhalb von 6 Jahren aktualisiert und fortgeschrieben werden.

1.6 Umsetzung der Wasserrahmenrichtlinie

Der verbindliche Zeitplan für die Umsetzung der wesentlichen Vorgaben der WRRL sieht wie folgt aus:

→ Erlass der Rechts- und Verwaltungsvorschriften der Mitgliedsstaaten zur Umsetzung der WRRL bis zum Dezember 2003.

→ Bestandsaufnahme und Analysen für die Flussgebietseinheiten bereits bis zum Dezember 2004.

→ Fertigstellung von Monitoring-Programmen des Gewässerzustandes zum Dezember 2006.

→ Erstellung der Maßnahmenprogramme für die Flussgebietseinheiten zur Erreichung der ökologischen Zielsetzungen der EU-Wasserrahmenrichtlinie sowie Veröffentlichung der für die Flussgebietseinheiten zu erstellenden Bewirtschaftungspläne bis zum Dezember 2009.

→ Umsetzung der Maßnahmenprogramme in den Flussgebietseinheiten zur Erreichung der ökologischen Ziele der Richtlinie zum Dezember 2012.

→ Verwirklichung des „guten Zustandes“ für Oberflächengewässer, Grundwasser sowie in Schutzgebieten nach 15 Jahren, d.h.: bis zum Dezember 2015 (mit Möglichkeit der Fristverlängerung).

Weitere Einzelheiten zur Umsetzung der Wasserrahmenrichtlinie sind in Tabelle Nr. 1 aufgeführt.

Tabelle Nr.1: Umsetzungsfristen der Wasserrahmenrichtlinie (Quelle: www.lawa.de)

	Art. gem. EU-WRRL	Fristen [1]
Inkrafttreten	25	Dez. 2000
Rechtliche Umsetzung		
- Erlass der Rechtsvorschriften	24	Dez. 2003
- Bestimmung der zuständigen Behörden	3 (7)	Dez. 2003
- Benennung der zuständigen Behörden gegenüber EU	3 (8)	Jun. 2004
Bestandsaufnahme		
- Analyse der Merkmale eines Flussgebiets	5 (1)	Dez. 2004
- Verzeichnis der Schutzgebiete	6 (1)	Dez. 2004
- Signifikante Belastungen erfassen und beurteilen	5 (1)	Dez. 2004
- Wirtschaftliche Analyse der Wassernutzungen	5 (1)	Dez. 2004
- Fortschreibung der Bestandsaufnahme	5 (2)	Dez. 2013 / 2019
EG-Regelung Grundwasser		
- Benennung von Maßnahmen zum Grundwasserschutz durch EU	17 (1)	Dez. 2002
- Kriterien für den chemischen Zustand und Trendumkehr durch EU	17 (2)	Dez. 2002
- Kriterien auf nationaler Basis (falls erforderlich)	17 (4)	Dez. 2005
Monitoringprogramme		
- aufstellen und in Betrieb nehmen	8	Dez. 2006
Information und Anhörung der Öffentlichkeit		
- Veröffentlichung des Zeitplanes und des Arbeitsprogramms [2]	14 (1a)	Dez. 2006
- Veröffentlichung der wichtigsten Wasserbewirtschaftungsfragen [2]	14 (1b)	Dez. 2007
- Veröffentlichung der Entwürfe des Bewirtschaftungsplanes [2]	14 (1c)	Dez. 2008
Bewirtschaftungsplan und Maßnahmenprogramme		
- Aufstellung und Veröffentlichung des Bewirtschaftungsplanes	13 (6)	Dez. 2009
- Aufstellung eines Maßnahmeprogramms	11 (7)	Dez. 2009
- Umsetzung der Maßnahmen	11 (7)	Dez. 2012
- Fortschreibung des Bewirtschaftungsplanes [2]	13 (7)	Dez. 2015
- Fortschreibung der Maßnahmenprogramme [2]	11 (8)	Dez. 2015
Zielerreichung		
- Guter Zustand in den Oberflächengewässern	4 (1a)	Dez. 2015
- Guter Zustand im Grundwasser	4 (1b)	Dez. 2015
- Erfüllung der Ziele in Schutzgebieten	4 (1c)	Dez. 2015
- Fristverlängerungen für Zielerreichung	4 (4)	Dez. 2021 / 2027
Prioritätenliste „Gefährliche Stoffe"		
- Vorschlag von Grenzwerten für Emissionen und Immissionen	16 (8)	Okt./Nov. 2003
- Fortschreibung der Prioritätenliste	16 (4)	Dez. 2004
- Auslaufen des Einbringens prioritärer gefährlicher Stoffe	16 (6)	20 Jahre [3]
Deckung der Kosten der Wasserdienstleistungen		
- eingeführt bis	9 (1)	Dez. 2010

[1] Die Fristen beziehen sich auf die Berichtspflicht an die EU, für die Erstellung der Teilpläne in den Bearbeitungsgebieten sind z.T. deutlich kürzere Fristen anzusetzen.
[2] alle 6 Jahre
[3] nachdem Vorschläge zur Umsetzung der Vorgaben für prioritäre gefährliche Stoffe angenommen worden sind.

(Quelle: Länderarbeitsgemeinschaft Wasser, Arbeitshilfe zur Umsetzung der EU-Wasserrahmenrichtlinie)

2 Operationalisierung der Wasserrahmenrichtlinie mit GIS und Statistik

2.1 Theoretische Grundlagen

Zum Verständnis des Vorganges der Operationalisierung bei der Umsetzung der Wasserrahmenrichtlinie ist es unabdinglich, diesen Begriff in den Ablauf des empirischen Forschungsprozess einzubetten, der nach FRIEDRICHS (1990) aus drei Stufen besteht:

1. Entdeckungszusammenhang:
   Hierunter ist der Anlass (Aufträge, Probleme der Theoriebildung oder Lösung bestehender Probleme) zu verstehen, der zu einem Forschungsprojekt geführt hat. Zu diesem Bereich gehören Ideen, Gespräche und Explorationen. Sie sollen helfen ein Problem zu strukturieren.

2. Begründungszusammenhang:
   Hierbei sind jene methodologischen Schritte gemeint, mit deren Hilfe das Problem untersucht werden soll. Dabei wird zuerst geprüft, ob bereits Untersuchungen vorliegen und ob es bereits Theorien und Hypothesen zu dem gegebenen Problemfeld gibt. Nach der Differenzierung, welche Aspekte des Problems relevant sind, sollten aus den vorliegenden Theorien und Hypothesen aufgrund von vorher definierten Begriffen und Variablen Arbeitshypothesen formuliert werden. Nach der Bestimmung einer geeigneten Datenerhebungsmethode erfolgt die **Operationalisierung** der Variablen, d.h. „das Überführen qualitativ formulierter Zielvorstellungen in quantitative Zielvorgaben" (STREIT 1992, S. 227). Hierbei wird durch Angaben (z.B. Anweisungen für Messungen) konkretisiert, wie theoretischen Begriffen und Konstrukten exakt beobachtbare Indikatoren zugeordnet werden können.
   Im Anschluss folgen die Phase der Datenerhebung und Datenanalyse sowie die Interpretation der Ergebnisse.

3. Verwertungs- und Wirkungszusammenhang:
   Beschreibt die Effekte einer Untersuchung bzw. den Beitrag zur Bewältigung des zu Anfang gestellten Problems. In den Verwertungszusammenhang

gehören u. a. auch Überlegungen über die Form der Darstellung der Ergebnisse, d.h. inwiefern die Ergebnisse Laien oder Wissenschaftlern zugänglich gemacht werden sollen

2.2 Indikatorenauswahl

Zur Umsetzung der Opertionalisierungsvorgänge in der WRRL muss im ersten Schritt geklärt werden, welche Bestandteile der WRRL mit GIS und statistischen Verfahren bearbeitet werden können.

Da der Anlass im empirischen Forschungsprozess durch die Ausarbeitung dieser Hausarbeit bereits gegeben ist, bedarf es in der zweiten Stufe, bei der Aufstellung des Begründungszusammenhanges zuerst einer Theoriebildung, d.h. das Problemfeld wird konkretisiert und abgegrenzt.

Artikel 13 der WRRL sieht als Umsetzungsergebnis einen Bewirtschaftungsplan vor, von dessen Bestandteilen bei der Aufstellung die Darstellung der Allgemeinen und Belastungs-Beschreibung, die Schutzgebietsvisualisierung sowie die Darstellung der Monitoring-Ergebnisse des Überwachungsnetzes durch GIS und statistische bewältigt werden kann. In Abbildung Nr.3 sind die für die methodische Umsetzung durch GIS uns Statistik geeigneten bzw. nicht geeigneten Bestandteile eines Bewirtschaftungsplanes dargestellt.

Des Weitern wird in Abbildung Nr. 3 das Forschungsproblem auf ein konkretes Flusseinzugsgebiet der Schwarzach, das in Kapitel 3 als Beispiel für die Umsetzung eines Teilaspektes der WRRL genutzt wird, konkretisiert.

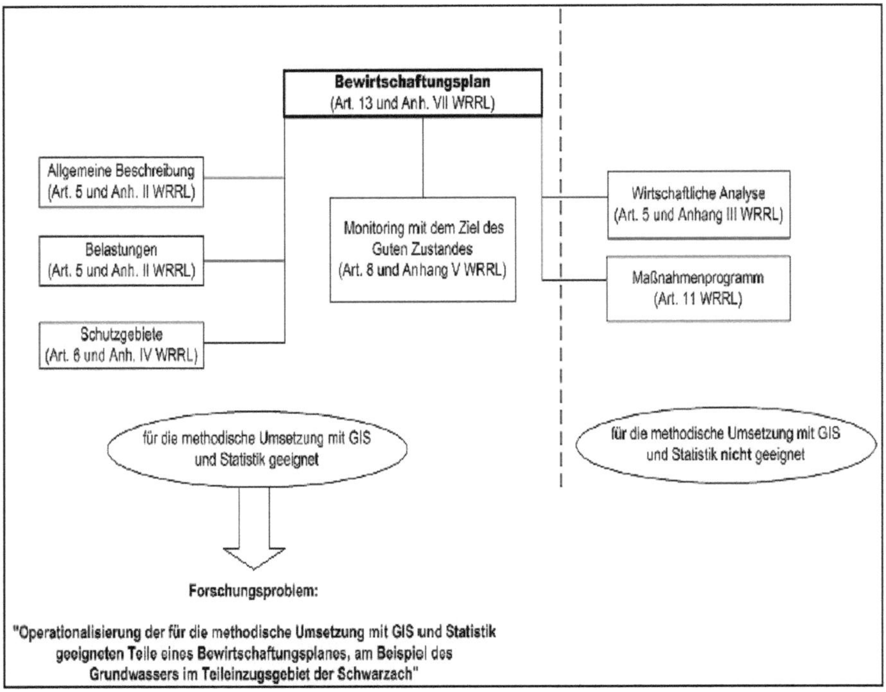

Abbildung Nr.2: Für die methodische Umsetzung mit GIS und Statistik geeignete Bestandteile eines Bewirtschaftungsplanes (BERKHOFF 2002, S. 35)

Für den zweiten Schritt erfolgt eine Indikatorenauswahl, die in den Artikeln bzw. Anhängen der WRRL bereits genau durch die Variablen A bis D spezifiziert und aufgelistet ist:

A - Allgemeine Beschreibung in Artikel 5 und Anhang II WRRL

B - Belastungen in Artikel 5 und Anhang II WRRL

C - Schutzgebiete in Artikel 6 und Anhang IV WRRL

D - Monitoring mit den Ziel des guten des guten Zustandes in Artikel 8 und Anhang V WRRL

Die Operationalisierung der Variablen A, B und C kann in Form einer deskriptiven Bestandsaufnahme erfolgen, deren Kriterien im Anhang II für die Variablen A und B und im Anhang III der WRRL für die Variable C festgelegt sind.

Eine genaue Operationalisierung der ersten drei Variablen ist in der Arbeitshilfe zur Umsetzung der EU-Wasserrahmenrichtlinie der Länderarbeitgemeinschaft Wasser zu finden, die folgenden Prüfkatalog enthält:

1. Lage und Grenzen der Grundwasserkörper,
2. Beschreibung der Grundwasserkörper,
3. Charakterisierung der Deckschichten,
4. Grundwasserabhängige Oberflächengewässer- und Land-Ökosysteme,
5. Beschreibung der Verschmutzung durch Punktquellen,
6. Beschreibung der Verschmutzung durch diffuse Quellen einschließlich der zusammenfassenden Darstellung der Landnutzung,
7. Beschreibung der Belastungen für den mengenmäßigen Zustand, im Hinblick auf Entnahmen und künstliche Anreicherungen,
8. und die Analyse sonstiger anthropogener Einwirkungen auf den Zustand des Grundwassers.

Die Operationalisierung der Variable **„Monitoring mit dem Ziel des guten Zustandes“** wird in Artikel 2, Ziffer 20 der WRRL definiert:

„ Guter Zustand des Grundwassers: der Zustand eines Grundwasserkörpers, der sich in einem zumindest ‚guten’ mengenmäßigen und chemischen Zustand befindet “.

Eine genaue Definition des chemischen (Tabelle Nr. 2) und mengenmäßigen Zustandes (Tabelle Nr. 3) des Grundwassers ist im Anhang V der WRRL aufgeführt:

Tabelle Nr.2: Bestimmung des guten chemischen Zustandes des Grundwassers (Tabelle 2.3.2 des Anhangs V der WRRL)

Komponenten	**Guter Zustand**
Allgemein	Die chemische Zusammensetzung des Grundwasserkörpers ist so beschaffen, dass die Schadstoffkonzentration - wie unten angegeben keine Anzeichen für Salz- oder anderer *Intrusionen* erkennen lassen; - die nach anderen einschlägigen Rechtsvorschriften der Gemeinschaft gemäß Artikel 17 geltenden Qualitätsnormen nicht überschreiten; - nicht derart hoch sind, dass die in Artikel 4 spezifizierten Umweltziele für in Verbindung stehende Oberflächengewässer nicht erreicht, die ökologische oder chemische Qualität derartiger Gewässer signifikant verringert oder die Landökosysteme, die unmittelbar von dem Grundwasserkörper abhängen, signifikant geschädigt werden.
Leitfähigkeit	Änderungen der Leitfähigkeit sind kein Hinweis auf Salz- oder andere Intrusionen

Tabelle Nr.3: Bestimmung des guten mengenmäßigen Zustandes des Grundwassers (Tabelle 2.1.2 des Anhangs V der WRRL)

Komponenten	Guter Zustand
Grundwasserspiegel	Der Grundwasserspiegel im Grundwasserkörper ist so beschaffen, dass die verfügbare Grundwasserressource nicht von der langfristigen mittleren jährlichen Entnahme überschritten wird. Dementsprechend unterliegt der Grundwasserspiegel keinen anthropogenen Veränderungen, die - zu einem Verfehlen der ökologischen Qualitätsziele gemäß Artikel 4 für in Verbindung stehende Oberflächengewässer, - zu einer signifikanten Verringerung der Qualität dieser Gewässer, - zu einer signifikanten Schädigung von Landökosystemen führen würden, die unmittelbar von dem Grundwasserkörper abhängen, und Änderungen der Strömungsrichtung, die sich aus Änderungen des Grundwasserspiegels ergeben, können zeitweise oder kontinuierlich in einem räumlich begrenzten Gebiet auftreten; solche Richtungsänderungen verursachen jedoch keinen Zustrom von Salzwasser oder sonstige Zuströme und lassen keine nachhaltige, eindeutig feststellbare anthropogene Tendenz zu einer Strömungsrichtung erkennen, die zu einem solchen Zustrom führen könnte.

Tabelle Nr. 2 und Tabelle Nr. 3 beschrieben die Eigenschaften, die die Indikatoren Grundwasserspiegel, Leitfähigkeit und Schadstoffkonzentrationen zur Messung des geforderten „guten Zustandes", sowohl chemisch als auch mengenmäßig, aufweisen müssen.

3 Umsetzung der WRRL mit GIS und Statistik

3.1 Einleitung

Da das sich das Thema dieser Hausarbeit auf die Teile der WRRL bezieht, die für die Umsetzung durch GIS uns Statistik geeignet sind (vgl. Kapitel 2.2), beschränkt sich die Untersuchung auf ausgewählte Aspekte, die die Möglichkeiten von GIS und Statistik bei der Umsetzung der WRRL hervorheben. Nach BERKHOFF (2002, S. 145) sind folgende Elemente der WRRL für die Operationalisierung durch GIS bzw. Statistik geeignet:

- die Bestandsaufnahme gemäß Artikel 5 und Anhang II WRRL
- die Monitoringprogramme gemäß Artikel 8 und Anhang V

Das in diesem Kapitel beschriebene Fallbeispiel bezieht sich auf einen Aspekt der Bestandsaufnahme. Nach der Beschreibung des Untersuchungsgebietes in Kapitel 3.2 wird im Kapitel 3.3 erläutert, wie GIS und Statistik bei der Operationalisierung der WRRL zum Einsatz kommen.

3.2 Das Untersuchungsgebiet

Nordöstlich der Kreisstadt Kitzingen in Bayern und am östlichen Rand des Amtsbezirkes des Wasserwirtschaftsamtes Würzburg gelegen, besitzt das Untersuchungsgebiet eine Ausdehnung von 179 km². Es befindet sich in der naturräumlichen Einheit „Steigerwaldvorland“, die durch ein nach Osten hin ansteigendes Relief, tiefgründige Böden wie Braunerden und Pseudogleyen und ein trockenwarmes Klima mit mittleren Jahresniederschlagsmengen von 550 nm bis 749 nm (Angaben aus BERKHOFF 2002) gekennzeichnet ist.

Wichtigste Gewässer in diesem Raumausschnitt sind neben der Schwarzach, die Sambach, der Schornbach, der Grünleinsbach und der Castellbach. Die Schwarzach mündet in den Hauptvorfluter Main, die anderen aufgezählten Gewässer entwässern in die Schwarzach.

Dabei bildet die Schwarzach ein eigenes Teileinzugsgebiet und die anderen aufgezählten Gewässer zusammen ein weiteres Teileinzugsgebiet. Ein drittes Teileinzugsgebiet ist wegen der geringen Ausdehnung zu vernachlässigen.

Als Verkehrswege sind die Bundesautobahn 3 und eine Eisenbahnstrecke hervorzuheben, die Landnutzung besteht nach BERKHOFF (2002, S. 61) zu 65 % aus intensiver Landwirtschaft und zu 27,5 % aus großen zusammenhängenden Waldflächen.

In nachfolgenden Fallbeispiel wird zur Reduzierung der Datenmengen nicht, wie von der EU vorgeschlagen, ein Einzugsgebiet in der Größe von 1500 km² bis 5000 km² untersucht, sondern das Untersuchungsgebiet beschränkt sich auf eine Fläche von 179 km². Dementsprechend wird der von der Länderarbeitgemeinschaft Wasser (LAWA) empfohlene Berichtsmaßstab im Maßstab 1:500000 für Karten auf der Ebene des Untersuchungsgebietes vergrößert. Abbildung Nr. 3 visualisiert die Lage des Untersuchungsgebietes.

Abbildung Nr. 3: Lage des Untersuchungsgebietes (BERKHOFF 2002, S.62)

3.3 Erstmalige Beschreibung - Charakterisierung der Deckschichten

Nach Artikel 13 und Anhang VII der WRRL ist die erstmalige Beschreibung der Flussgebietseinheiten Bestandteil eines herzustellenden Bewirtschaftungsplanes. Die erstmalige Beschreibung wird in der „Arbeitshilfe zur Umsetzung der EU-Wasserrahmenrichtline“ der Länderarbeitsgemeinschaft Wasser konkretisiert und weist für den Bereich des Grundwassers folgenden Kriterienkatalog (Vgl. Kapitel 2.2) auf:

- Lage und Grenzen der Grundwasserkörper,
- Beschreibung der Grundwasserkörper,
- Charakterisierung der Deckschichten,
- Grundwasserabhängige Oberflächengewässer- und Landökosysteme,
- Beschreibung der Verschmutzung durch Punktquellen,
- Beschreibung der Verschmutzung durch diffuse Quellen,
- Beschreibung der Belastungen für den mengenmäßigen Zustand im Hinblick auf Entnahmen und künstliche Anreicherungen,
- und Analyse sonstiger antrophogener Einwirkungen auf den Zustand des Grundwassers.

Dieses Kapitel widmet sich der Beschreibung der Deckschichten und den dazu nötigen Vorarbeiten und Analysen.

„Bei der erstmaligen Beschreibung aller Grundwasserkörper ist eine allgemeine Charakteristik der darüberliegenden Schichten gefordert.“ (Arbeitshilfe der Länderarbeitsgemeinschaft Wasser zur Umsetzung der EU-Wasserrahmenrichtline 2003, Abschnitt 1.2.1.3).

Zielvorgabe ist es, bei der Charakterisierung von Deckschichten die Bereiche auszuschließen, welche grundwasserschützend wirken, d.h. die Flächen zu ermitteln, die über ein hohes Stoffrückhaltevermögen und geringe vertikale Wasserdurchlässigkeiten verfügen.

Die Grundwasserüberdeckung ist dabei im Hinblick auf ihre Schutzwirkung in die Klassen **günstig, mittel und ungünstig** zu unterteilen.

Das zugrunde liegende Konzept zur Ermittlung dieser Schutzklassen basiert auf der Schutzfunktion der Grundwasserüberdeckung nach HÖLTING et al. (1995).
Die Schutzfunktion der Grundwasserüberdeckung setzt sich aus den klassifizierten Faktoren Sickerwasserrate, Flurabstand & Lithologie, Bodenbewertung sowie eventuellen Zuschlägen für schwebende Grundwasser Leiter und artesische Druckverhältnissen zusammen. Das System nach HÖLTING et al. sieht eine differenzierte Bewertung des Bodens und des tieferen Untergrundes vor, die Bewertung erfolgt mit Hilfe eines Bewertungsverfahrens in einer Punkteskala. Tabelle Nr. 4 konkretisiert die zu ermittelnden Parameter der Grundwasserüberdeckung.

Tabelle Nr. 4 : Parameter der Grundwasserüberdeckung (BERKHOFF 2002, S. 78)

Parameter	Faktor	Bereich
Nutzbare Feldkapazität	B	Boden
Sickerwassermenge	W	Boden
Gesteinsart	G	Tieferer Untergrund
Strukturelle Eigenschaft (nur Festgestein)	F	Tieferer Untergrund
Mächtigkeit der Grundwasserüberdeckung	M	Tieferer Untergrund
Schwebende Grundwasserstockwerke	Q (Zuschlag)	Tieferer Untergrund
Druckverhältnisse	D (Zuschlag)	Tieferer Untergrund

In den nachfolgenden Unterkapiteln werden die einzelnen Parameter mit dem Ziel analysiert, im Anschluss über die Schutzfunktion nach HÖLTING et al. (Vgl. Kapitel 3.3.7) die geforderten Schutzklassen auf empirischer Basis zu ermitteln.

3.3.1 Nutzbare Feldkapazität – Faktor B

Nach SCHROEDER (1992, S. 51) ist die Feldkapazität die „maximale Haftwassermenge, gemessen am natürlich gelagerten Boden mit freiem Wasserabzug in ml H_20/100 ml Boden“, also die maximale Menge an Haftwasser, die ein Boden in natürlicher Lagerung mit freiem Wasserabzug zurückhalten kann.

Die nutzbare Feldkapazität ist der Teil der Feldkapazität, der für die Vegetation nutzbar ist und im Boden in den Mittelporen mit Saugspannungen zwischen den pF-Werten 1,8 und 4,2 gespeichert wird.

Grundlage zur Ermittlung der nutzbaren Feldkapazität (nFK) bildet die Bodengütekarte im Maßstab 1:100.000, die Informationen aus der Reichsbodenschätzung von 1934 enthält und in Form von **Ertragsmesszahlen** (EMZ) in 9 Stufen die Ertragsfähigkeit ackerbaulich genutzter Böden darstellt, wobei der Wertebereich der EMZ von 0 bis 100 angegeben ist.

Tabelle Nr.5: Wertstufen der EMZ basierend auf der Legende der Bodengütekarte in Bayern (BERKHOFF 2002, S.54)

Wertstufe	EMZ	Ertragsfähigkeit	Mittelwert EMZ
0	0 - 9	Sehr schlecht	4,5
1	10 - 19		14,5
2	20 - 29	Schlecht	24,5
3	30 - 39		34,5
4	40 - 49	Mittel	44,5
5	50 - 59		54,5
6	60 - 69	Gut	64,5
7	70 - 79		74,5
8 und 9	80 - 100	Sehr gut	90

Da die nutzbare Feldkapazität nicht direkt aus der Bodengüte abzuleiten ist, überträgt BERKHOFF (2002, S.54) im zweiten Schritt eine bereits analysierte Korrelation zwischen EMZ und nFK, basierend auf den Erkenntnissen von HIRMER (1994) auf die Klassen der Bodengütekarte.

Tabelle Nr.6: Korrelationsklassen EMZ und nFK (BERKHOFF 2002, S.54)

Wertstufe	EMZ	Mittelwert EMZ	EMZ HIRMER	nFK HIRMER
0	0 - 9	4,5	<25	<50
1	10 - 19	14,5	<25	<50
2	20 - 29	24,5	<25	<50
3	30 - 39	34,5	26 – 45	>50 – 100
4	40 - 49	44,5	26 – 45	>50 – 100
5	50 - 59	54,5	46 – 65	>100 – 150
6	60 - 69	64,5	46 – 65	>100 – 150
7	70 - 79	74,5	66 – 85	>150 – 200
8 und 9	80 - 100	90	>85	>200 - 250

Die Bewertung der Böden basiert auf dem Punktbewertungssystem nach HÖLTING (Tabelle Nr. 7), kann aber auf Grund nicht übereinstimmender Klassengrenzen der nFK bei HÖLTING et al. und HIRMER nicht ohne Anpassung übernommen werden.

Tabelle Nr. 7: Bewertung der nFK (HÖLTING 1995, S.11)

nFK (mm in 1m Tiefe)	Punktzahl B
>250	750
>250 – 250	500
>140 – 200	250
>90 – 140	125
>50 - 90	50
< 50	10

BERKHOFF (2002, S.55) löst das Problem der nicht übereinstimmenden Klassengrenzen durch eine Neuzuordnung (Tabelle Nr. 8) und begründet dies mit den geringen Abweichungen zwischen beiden Modellen und mit der Erhaltung der Modellkonsistenz an sich, die aus Gründen der Modelltreue hingenommen werden kann.

Tabelle Nr.8 : Endgültige Bewertungstabelle für den Faktor B (BERKHOFF 2002, S.55)

Wertstufe BGK 100	nFK HIRMER	nFK HÖLTING	Punktzahl B
0	< 50	< 50	10
1	< 50	< 50	10
2	< 50	< 50	10
3	>50 – 100	>50 – 90	50
4	>50 – 100	>50 - 90	50
5	>100 – 150	>90 – 140	125
6	>100 – 150	>90 – 140	125
7	>150 – 200	>140 – 200	250
8 und 9	>200 - 250	>200 – 250	500

Die Umsetzung der Bewertung durch ein GIS für das Untersuchungsgebiet erfordert das Konvertieren vorliegender analoger Bodengütekarten in eine für den Computer lesbare Form. Dies geschah durch das Digitalisieren und anschließendes Georeferenzieren in einem GIS. Des Weiteren wurden die digitalisierten Flächen mit einer digitalen Attributtabelle verknüpft, indem die Attribute aus den Legenden der digitalisierten Karten in digitale Tabellen eingefügt wurden. Die Ergebnisflächen wurden mittels GIS durch eine Karte in Abbildung Nr. 4 visualisiert. Durch die gespeicherte Bewertung in der Attributtabelle, ist ein späteres Abfragen über Koordinaten zur Ermittlung der Schutzfunktion nach HÖLTING einfach möglich.

Abbildung Nr. 4: Nutzbare Feldkapazitäten im Untersuchungsgebiet (BERGHOFF 2002, S.56)

Da die nutzbare Feldkapazität der Böden im Untersuchungsgebiet bei maximal 150 nm liegt, die Speicherfähigkeit der Böden somit gering ist, wird das Niederschlagswasser bei hohen Niederschlagsmengen sofort in den tieferen Untergrund weitergeleitet. Das geringe Speichervermögen der Böden ist als negativ einzustufen.

3.3.2 Sickerwassermenge – Faktor W

Aus den Daten der jährlichen Grundwasserneubildung (Einheit: mm/a) erfolgt die Berechnung der Sickerwassermenge (Faktor W). Dabei besteht eine erhöhte Gefahr einer Grundwasserverschmutzung bei hohen Sickerwassermengen. Die Bewertung nach HÖLTING durch Punktzahlen ist in Tabelle Nr. 9 illustriert.

Tabelle Nr. 9: Bewertung der Sickerwassermenge anhand der jährlichen Grundwasserneubildung (BERKHOFF 2002, S.57)

Grundwasserneubildung (mm/a)	Faktor W
< 100	1,75
>100 – 200	1,50
>200 - 300	1,25
>300 - 400	1,00
>400	0,75

Die Berechnungen der Grundwasserneubildungsraten für das Untersuchungsgebiet basieren auf einer vom Bayrischen Landesamt für Wasserwirtschaft entwickelten Methode aus dem Jahr 1996, die auf zwei Pegelmessstellen im Untersuchungsgebiet angewendet wird. Diese beiden Pegel decken nach BERKHOFF (2002, S.57) 87 Prozent des Untersuchungsgebietes ab.

Die Methode basiert auf der Annahme, dass in Zeiten ohne Niederschlag der Abfluss eines Vorfluters aus dem Grundwasser stammen muss, sofern der Pegel nicht unterströmt wird, was im Falle unseres Untersuchungsgebietes nicht der Fall ist.
Dabei wird der niedrigste Wert der Monatsmittel sechs zusammenhängender Monate aus den 12 Monatsmittelwerten der Jahresreihe eines Pegels als Wert der

Grundwasserneubildung angenommen, der gleichzeitig den Mittelwert für das gesamte Einzugsgebiet eines Pegels darstellt.

Anzumerken ist, das die Berechnung der Grundwasserneubildung für das Untersuchungsgebiet aus zwei Gründen nicht exakt ist, da die Pegel nicht das gesamte Untersuchungsgebiet abdecken und die Jahresreihen des Pegels Nr. 2434520 (Tabelle Nr. 10) nur über 5 Jahre gemessen wurden und die Berechnungen im Jahr 1995 enden.

Tabelle Nr. 10: Grundwasserneubildung für das Untersuchungsgebiet (BERKHOFF 2002, S. 58)

Pegel Nummer	Gewässer	Name	Jahresreihe	Grundwasserneubildung (mm/a)
2434520	Schwarzach	Reupelsdorf	1991/95	42
2434900	Castellbach	Atzhausen	1971/95	77

Innerhalb des HÖLTING-Verfahrens ist die Grundwasserneubildung für das Untersuchungsgebiet als sehr gering einzustufen und mit 1,75 Punkten zu bewerten. Somit ist festzuhalten, dass die Aquifer nur von geringen (belasteten) Mengen Sickerwasser erreicht werden und damit die Grundwasserschutzfunktion des Bodens in Bezug auf den Faktor W als positiv einzustufen ist.

3.3.3 Gesteinsart – Faktor G

Da die geohydraulischen Eigenschaften von Gesteinsart zu Gesteinart differieren, differenziert man nach Locker- und Festgesteinen.

Die Durchlässigkeit der **Lockergesteine** wird durch feinkörnige Sedimente heruntergesetzt Die Bewertung Der Lockergesteine erfolgt anhand der Kationenaustauschfähigkeit (KAK), die nach ELLEBROCK (2002, S.332) von dem Gehalt von Tonmineralen und Humusstoffen, der Größe der zugänglichen Oberfläche der Bodenbestandteile und ihrer Ladung abhängt. Die KAK nimmt von Sand zu Schluff über Ton hin zu. Die im Untersuchungsgebiet vorkommenden Lockergestein sind in Tabelle Nr. 11 aufgelistet.

Tabelle Nr. 11: Vorkommende Lockergesteine im Untersuchungsgebiet (BERKHOFF 2002, S.78)

Geologie	Gesteinsart
N	Sande und Schotter
qp	Kies und Sand, z.T. schluffig
,,d	Feinsand bis Mittelsand, grobsandig
,,f	Schutt, Sand, Kies, z.T. tonig
,,hg	Ansammlung steiniger und +- lehmiger Verwitterungsmassen
,,Lo	Schluff, schwach tonig, schwach feinsandig, örtlich sandig
,,t	Schotter und Sande
,Hm	Schluff, Ton, Sand mit 10 – 30% organischer Substanz
,S,a	Feinsand bis Mittelsand, grobsandig

Die Bewertung der Durchlässigkeit von **Festgesteinen** erfolgt nach einem anderen Bewertungsschema, da sich das Wasser über Karsthohlräume oder Klüfte bewegt. Die im Untersuchungsgebiet vorkommenden Festgesteine sind in Tabelle Nr. 12 dargestellt.

Tabelle Nr. 12: Vorkommende Lockergesteine im Untersuchungsgebiet (BERKHOFF 2002, S.79)

Geologie	Gesteinsart
,km	Tonstein, Mergelstein
kmB	Sandstein, fein-/grobkörnig, mit Geröllen, dreigegliedert
kmBL	Sandstein, fein-/grobkörnig, im Wechsel mit Tonstein-Lage
kmE	Tonstein, Mergelstein mit Gips- und Steinmergellagen
kmL	Tonstein, im oberen Teil mit Steinmergel-Bänken
kmS	Sandstein, vorwiegend feinkörnig, Tonstein-Lagen
ku	Tonstein, Gelbkalkstein und feinkörniger Sandstein
kuD	Kalkstein, dolomitisch
kuWS	Tonstein, Gelbkalkstein und feinkörniger Sandstein
mo	Kalkstein, Mergelstein und Tonstein

Die Berechnung der Schutzfunktion für Festgesteine ist abhängig von der strukturellen Eigenschaft eines Gesteines. Die Gleichung des Faktors G bei Festgesteinen lautet nach HÖLTING et al. (1995, S.14):

G = Punktzahl P (für Gesteinsart) x Faktor F (für strukturelle Eigenschaft)

3.3.4 Mächtigkeit der Grundwasserüberdeckung – Faktor M

Die Sickerweglänge, d.h. die Mächtigkeit der Grundwasserüberdeckung, beeinflusst die Aufenthaltsdauer des versickernden Wassers und somit auch die Abbauprozesse von Schadstoffen in der Grundwasserüberdeckung.
Bei der Ermittlung der Grundwasserschutzfunktion werden für die folgende Eigenschaften Zuschläge in Punkten ermittelt:

- Schwebende Grundwasserstockwerke mit Quellaustritten : 500 Punkte
- Artesische Druckverhältnisse : 1500 Punkte

Die Darstellung einer durchschnittlichen geologischen Schichtenfolge im Amtsbezirk des Untersuchungsgebietes ist im dargestellten Standardprofil in Abbildung Nr. 5 visualisiert. Die Angabe der Mächtigkeiten sind Bezirksdurchschnittswerte. Für das Untersuchungsgebiet muss die Schicht des Mittleren Keupers ergänzt werden.

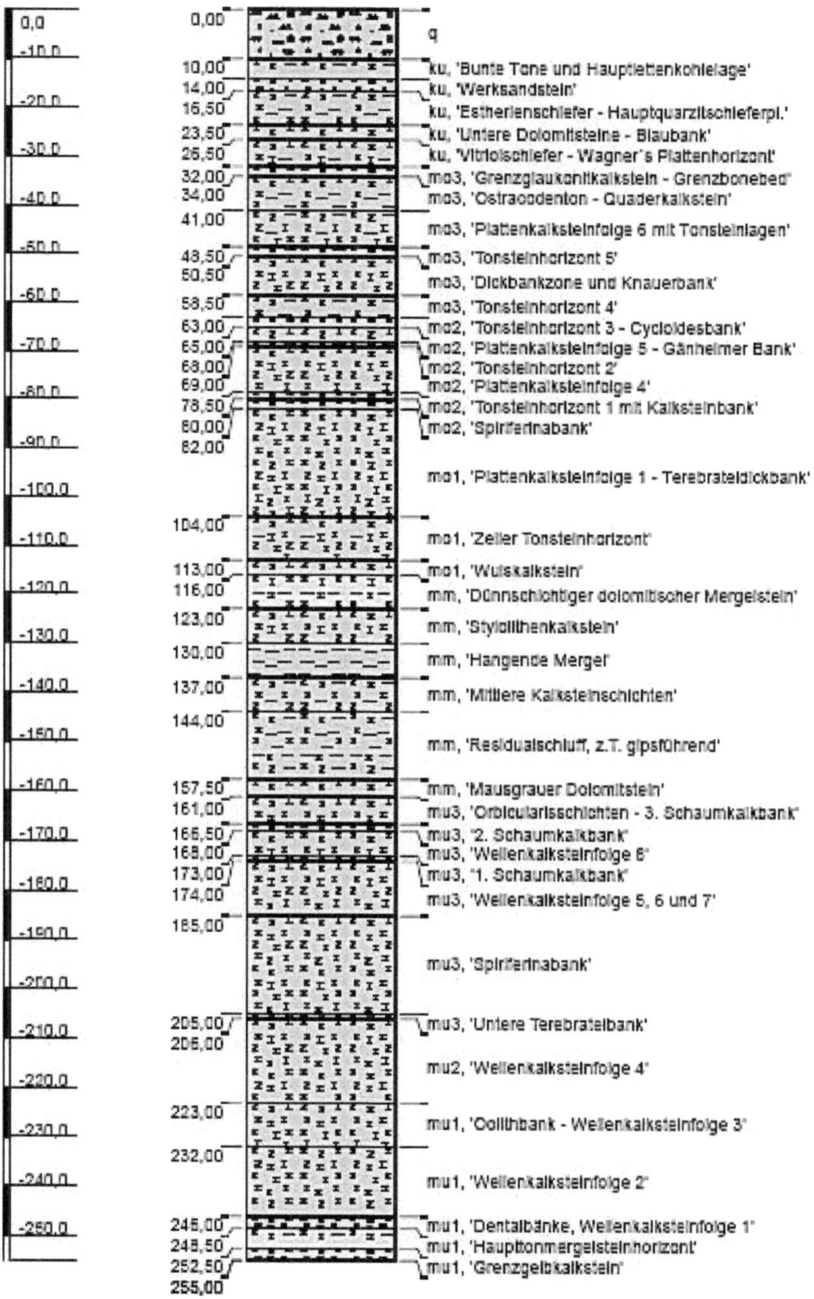

Abbildung Nr.5 : Standardprofil im Bezirk des WAA Würzburgs (BERKHOFF 2002, S. 81)

3.3.5 Schwebende Grundwasserstockwerke – Faktor Q

Schwebende Grundwasserstockwerke wie in Abbildung Nr. 6 abgebildet, können die Verlagerung von Schadstoffen aufhaltern oder zumindest verzögern. Beispiel für schwebende Grundwasserleiter ist eine austretende Quelle.

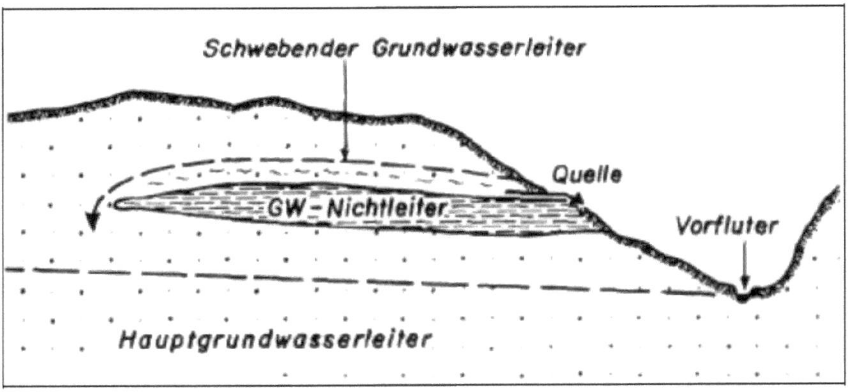

Abbildung Nr.6 : Beispiel für einen schwebenden Grundwasserleiter (BERKHOFF 2002, S. 80)

Nach BERKHOFF (2002, S. 82) liegen im Untersuchungsgebiet keine schwebenden Grundwasserstockwerke mit Quellaustritten vor.

3.3.6 Druckverhältnisse – Zuschlag D

Wird der Grundwasserleiter nach oben hin durch eine undurchlässige Deckschicht begrenzt, spricht man von gespannten Grundwasser bzw. artesisch gespannten Grundwasser, wobei im Falle des artesisch gespannten Grundwassers die Grundwasserdruckfläche noch explizit oberhalb der Erdoberfläche liegen muss. Beide Begriffe werden heutzutage synonym verwendet.

Die Spannung der Grundwasseroberfläche hat zur Folge, dass das Eindringen von schadstoffbelasteten Sickerwasser in den Aquifer verhindert wird.

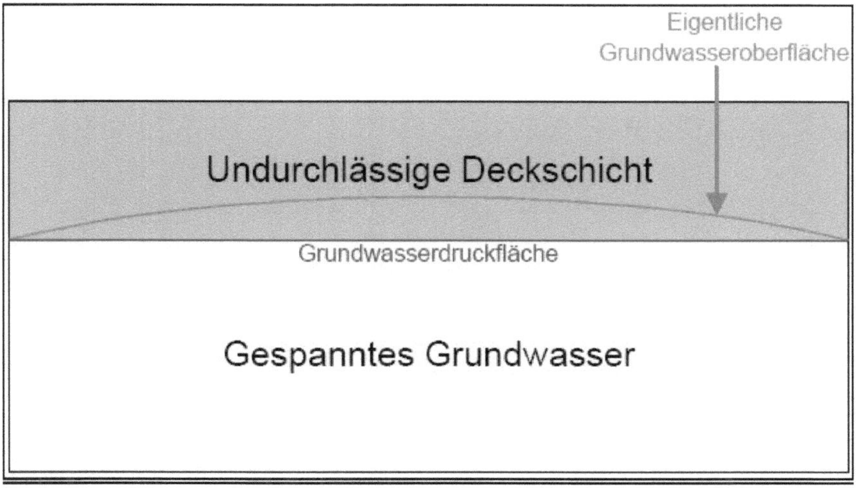

Abbildung Nr.7 : Gespanntes Grundwasser (BERKHOFF 2002, S. 82)

Nach BERKHOFF (2002, S. 82) ist das gesamte Grundwasser im Untersuchungsgebiet als gespannt zu bewerten.

3.3.7 Gesamtschutzfunktion

Die Gesamtschutzfunktion (S_g) erhält man durch die Addition der Schutzfunktion des Bodens (S_1) mit der Schutzfunktion des geologischen Untergrundes (S_2) (Gleichung 1).

$$S_g = S_1 + S_2 \qquad \text{(Gl.1)}$$

Die Schutzfunktion des Bodens wurde bereits in Kapitel 3.3.1 ermittelt, die Funktion des geologischen Untergrundes (S_2) wird mit Hilfe von Gleichung 2 errechnet.

$$S_2 = (G_1 * M_1 + G_2 * M_2 + \ldots + G_n * M_n) * W + Q + D \qquad \text{(Gl.2)}$$

Wurde für die entsprechenden Orte bzw. Flächen die Gesamtpunktzahl über die Gesamtschutzfunktion errechnet, wird anhand Tabelle Nr. 13 eine Bewertung vorgenommen, auf deren Basis eine Karte in einem GIS im Hinblick auf ihre Schutzwirkung der Grundwasserüberdeckung erstellt werden kann (Vgl. Arbeitshilfe der Länderarbeitsgemeinschaft Wasser zur Umsetzung der EU-Wasserrahmenrichtline 2003, Abschnitt 1.2.1.3).

Tabelle Nr. 13: Klasseneinteilung des Gesamtschutzfunktion (BERKHOFF 2002, S. 82)

Gesamtschutzfunktion	Punktzahl der Gesamtschutzfunktion S_g	Größenordnung der Verweildauer des Sickerwassers in der Grundwasserüberdeckung
Sehr hoch	>4000	>25 Jahre
Hoch	>2000 - 4000	10 – 25 Jahre
Mittel	>1000 - 2000	3 – 10 Jahre
Gering	>500 - 1000	Mehrere Monate bis ca. 3 Jahre
Sehr gering	= 500	Wenige Tage bis etwa 1 Jahr, im Karst häufig noch weniger

3.3.8 Berechnung – Fallbeispiel Wärmepumpe Kaul

Die Berechnung der Gesamtschutzfunktion erfolgt anhand einer Stichprobe aus einem Bohrprofil, um die Vorgehensweise exemplarisch aufzuzeugen.

Die Wärmepumpe Kaul, Castell liegt an den Gauß-Krüger-Koordinaten mit dem Rechtswert 4382699 und dem Hochwert 5513974. Dabei fördert die Pumpe aus 44 m Tiefe Grundwasser aus dem mittleren Keuper, wobei nach Abbildung Nr. 8 der Grundwasserspiegel 19 m unter der Erdoberfläche liegt.

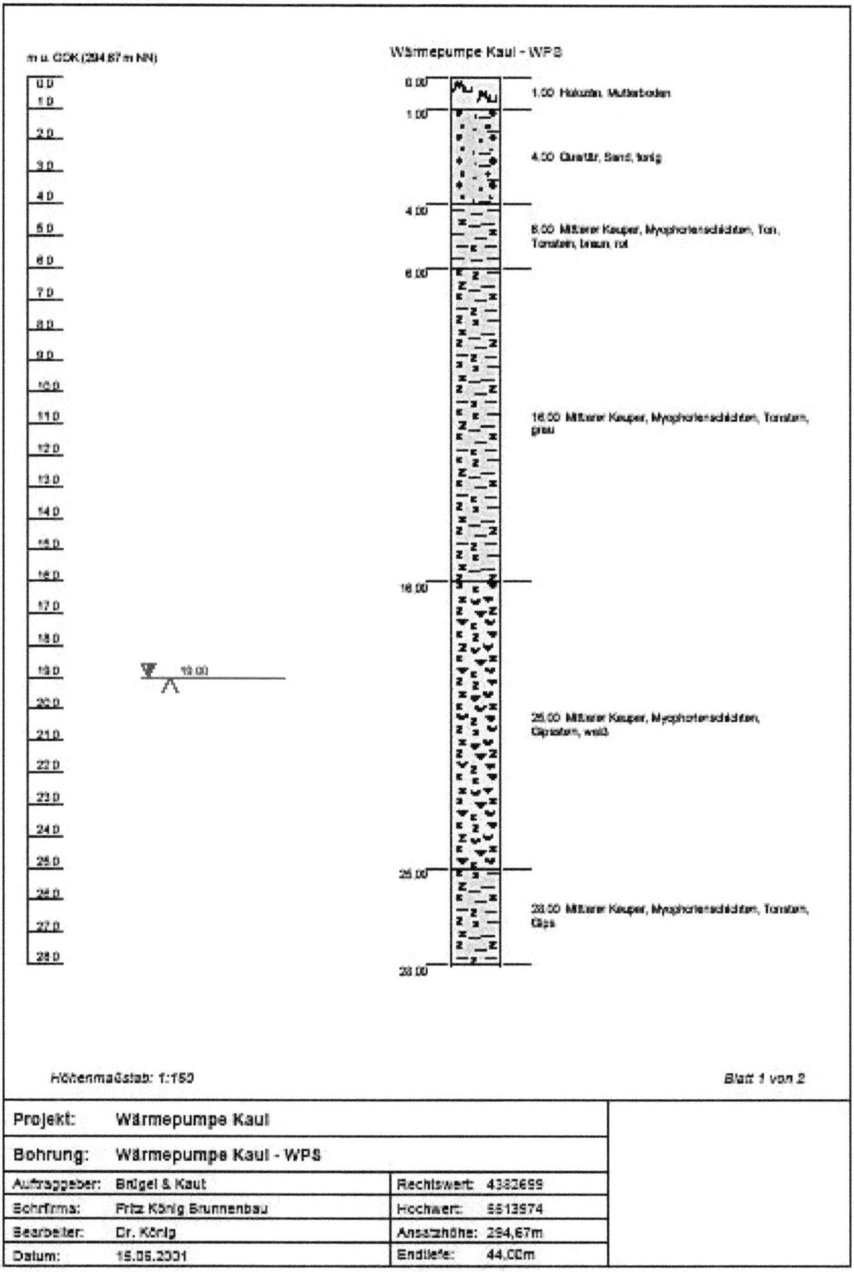

Projekt:	Wärmepumpe Kaul		
Bohrung:	Wärmepumpe Kaul - WPS		
Auftraggeber:	Brügel & Kaut	Rechtswert:	4382699
Bohrfirma:	Fritz König Brunnenbau	Hochwert:	5613974
Bearbeiter:	Dr. König	Ansatzhöhe:	294,67m
Datum:	15.05.2001	Endtiefe:	44,00m

Abbildung Nr.8: Bohrprofil der Wärmepumpe Kaul (BERKHOFF 2002, S. 86)

Die Bestimmung der Schutzfunktion des Bodens (S_1) erfolgt für den Faktor B (nutzbare Feldkapazität) durch die Koordinatenabfrage in einem GIS (Vgl. Kapitel 3.3.1, Tabelle Nr. 8), wobei die Abfrage einen Wert von B = 50 ergibt. Faktor W wurde in Kapitel 3.3.2 auf 1,75 bestimmt, so dass für die Gesamtschutzfunktion des Bodens durch die Multiplikation des Faktors B mit dem Faktor W ein Wert von 87,5 Punkten für S_1 ermittelt wird.

$$\mathbf{S_1 = 50 * 1{,}75 = 87{,}\ 5}$$

Für die Berechnung der Schutzfunktion des geologischen Untergrundes (S_2) muss zuerst, wie in Kapitel 3.3.3 beschrieben der Faktor G errechnet werden.
Dazu müssen die geologischen Schichten (Mindestmächtigkeit 1 m) aus dem Bohrprofil auf Grund der strukturellen Eigenschaften (F) und Gesteinart (P) bewertet werden (Tabelle Nr. 13). Da im Bohrprofil keine Angaben zur strukturellen Eigenschaften gegeben sind, wird nach HÖLTING (1995, S.14) der Faktor F gleich 1 gesetzt.

Tabelle Nr.13: Zuordnung der Faktoren P und F zu den geologischen Schichten (BERKHOFF 2002, S. 84)

Mächtigkeit M (m)	Geologie	P	F	P x F = G
3,0	Quartär, Sand, tonig	140	/	140
2,0	kmM, Ton, Tonstein	20	1	20
10,0	kmM, Tonstein	20	1	20
3,0	kmM, Gipsstein	5	1	5

Wurde der Faktor G berechnet wird nach Gleichung 2 für jede Schicht die entsprechende Mächtigkeit mit dem Faktor G multipliziert und danach alle Produkte aufsummiert, was an dem Bohrprofil der Wärmepumpe Kaul einem Wert von 675 ergibt. Nach der Multiplikation mit dem Faktor W und dem Zuschlag D ergibt sich ein Wert von 2681,25 für S_2.

$$\mathbf{S_2 = 675 * 1{,}75 + 1500 = 2681{,}25.}$$

Die Gesamtschutzfunktion S_g ergibt sich somit aus der Addition von S1 und S2:

$$\mathbf{S_g = 2681{,}25 + 87{,}5 = 2768{,}75.}$$

Der Wert von 2681,25 entspricht einer hohen Gesamtschutzfunktion.

Da die flächenhafte Darstellung der Gesamtschutzfunktion nach HÖLTING in einem GIS zwar möglich, aber sehr aufwendig ist, wurde nach BERKHOFF (2002, S. 83) auf eine Berechung der Gesamtschutzfunktion der Grundwasserfunktion nach dem eben dargestellten Schema für das Untersuchungsgebiet verzichtet.

4 Zusammenfassung

Die für eine Operationalisierung der Wasserrahmenrichtlinie geeigneten Teile konnten in Kapitel 2 ausdifferenziert werden und in Kapitel 3 konnte die methodische Umsetzung durch GIS und Statistik anhand eines Teilaspektes, der Beschreibung der Deckschichten nach HÖLTING, für ein konkretes Untersuchungsgebiet dokumentiert werden.

Eine Berechnung der Schutzfunktion nach HÖLTING für ein Bohrprofil konnte erfolgreich durchgeführt werden.

Des Weiteren wurden alphanumerisch vorliegenden Daten und die dazugehörigen Flächen in einem GIS verknüpft (Vgl. Kapitel 3.3.1), um anschließend über GIS-Operatoren die gesuchten Flächen in einer Karte zu visualisieren.

Es bleibt festzuhalten, dass die Datenauswertung für die WRRL durch GIS mittels Präsentation der Ergebnisse in Kartenform, Verschneidungsoperatoren (z.B. Overlay) und Abfrageoperatoren, der Berechnung der Schutzfunktion des Bodens und der Schutzfunktion des tiefen Untergrundes mit anschließender flächenhafter Visualisierung und der Flächeninterpolation durch Kriging, möglich ist.

Neben dem Kriging, können statische Verfahren zum einem bei der Ermittlung von Trends bei Schadstoffen nach Abschnitt 2.4.4 des Anhangs V der WRRL genutzt werden und zum anderen bei der Auswahl bei der Repräsentativität von Messstellen und der Überwachungsfrequenz der Messungen.

5 Literaturverzeichnis

BERKHOFF, K. (2002): Operationalisierung der EU-Wasserrahmenrichtlinie mit GIS uns statistischen Verfahren, Diplomarbeit im Studiengang Umweltwissenschaften an der Hochschule Vechta , Vechta.

BLEY, J. (2001): EU-Wasserrahmenrichtlinie. In : Forum der Geoökologie 12 (3), 2001.

ELLERBROCK, R. (2000): Ionenbesatz von Boden und Wasser. In: BARSCH et al. (2002) (Hrsg): Arbeitmethoden der Physiogeographie und Geoökologie, 1. Auflage, Gotha.

EU (2000): Richtlinie 2000/60/EG vom 23.10.2000 zur Schaffung eines Ordnungsrahmens für Maßnahmen der Gemeinschaft im Bereich der Wasserpolitik, Amtblatt der Europäischen Gemeinschaften vom 22.12.2000.

FRIEDRICHS, J. (1990): Methoden der empirischen Sozialforschung, 14. Auflage, Westdt. Verlag, Opladen.

Hessisches Ministerium für Umwelt und Forsten (2002): Umsetzung der Europäischen Wasserrahmenrichtlinie in Rheinland-Pfalz, Mainz.

HIRMER (1994): Ein standtortspezifisches Nitrat-Schutzkonzept mit kontrollierbaren Anforderungen. In: Wasserwirtschaft 84 (1994) 12, S. 652-654.

HÖLTING B. et al. (1995): Konzept zur Ermittlung der Schutzfunktion der Grundwasserüberdeckung. In: BGR 1995, S. 5-24.

JEKEL, H. (2002): Die Information und Anhörung der Öffentlichkeit nach der EU-Wasserrhamenrichtlinie In : VON KEITZ et al. (2002) (Hrsg.), Handbuch der EU – Wasserrahmenrichtlinie, Erich Schmidt Verlag, Berlin

Länderarbeitsgemeinschaft Wasser (2003): Arbeitshilfe zur Umsetzung der EU-Wasserrahmenrichtlinie. In der Fassung vom 30.4.2003.

Länderarbeitsgemeinschaft Wasser (2001): Handlungskonzept zur Umsetzung der Wasserrahmenrichtlinie. In der Fassung vom 23.3. 2001.

SCHROEDER, D. (1992): Bodenkunde in Stichworten, Verlag Ferdinand Hirt, Zug.

STREIT, BRUNO (1992): Umwelt Lexikon, 1. Auflage, Verlag Herder Freiburg im Breisgau, Freiburg.

Internetquellen:

www.lawa.de
www.wasserblick.net
www.wrrl-info.de